J'apprends à dessiner sur un quadrillage.

Ce carnet appartient à :

....

A B C D E F
1
2
3
4
5
6
7

	A	B	C	D	E	F
1						
2						
3						
4						
5						
6						
7						

A
B
C
D
E
F
1
2
3
4
5
6
7

	A	B	C	D	E	F
1						
2						
3						
4						
5						
6						
7						

A B C D E F
1
2
3
4
5
6
7

	A	B	C	D	E	F
1						
2						
3						
4						
5						
6						
7						

A B C D E F
1 2 3 4 5 6 7

	A	B	C	D	E	F
1						
2						
3						
4						
5						
6						
7						

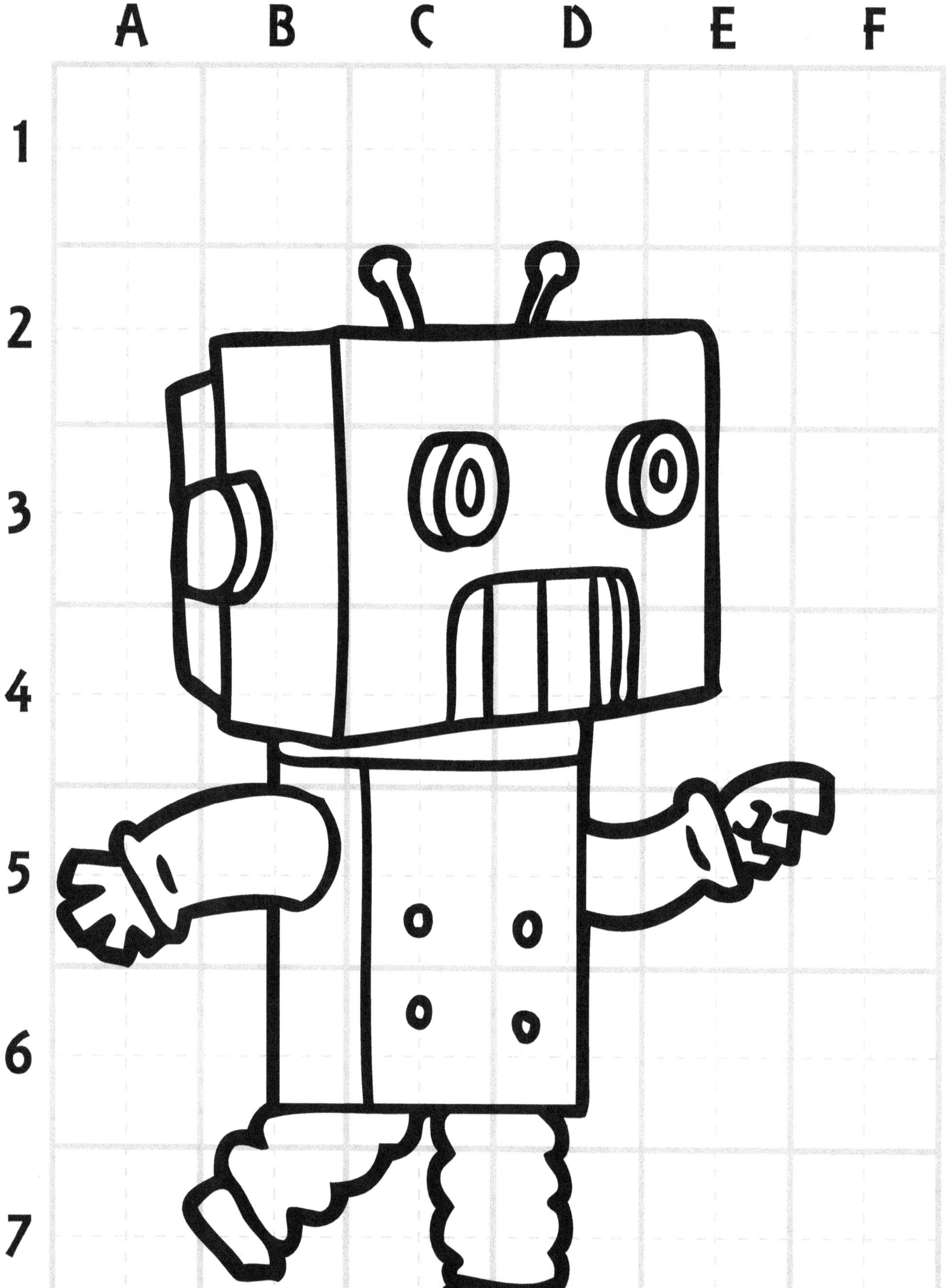
A B C D E F
1
2
3
4
5
6
7

	A	B	C	D	E	F
1						
2						
3						
4						
5						
6						
7						

A
B
C
D
E
F
1
2
3
4
5
6
7

	A	B	C	D	E	F
1						
2						
3						
4						
5						
6						
7						

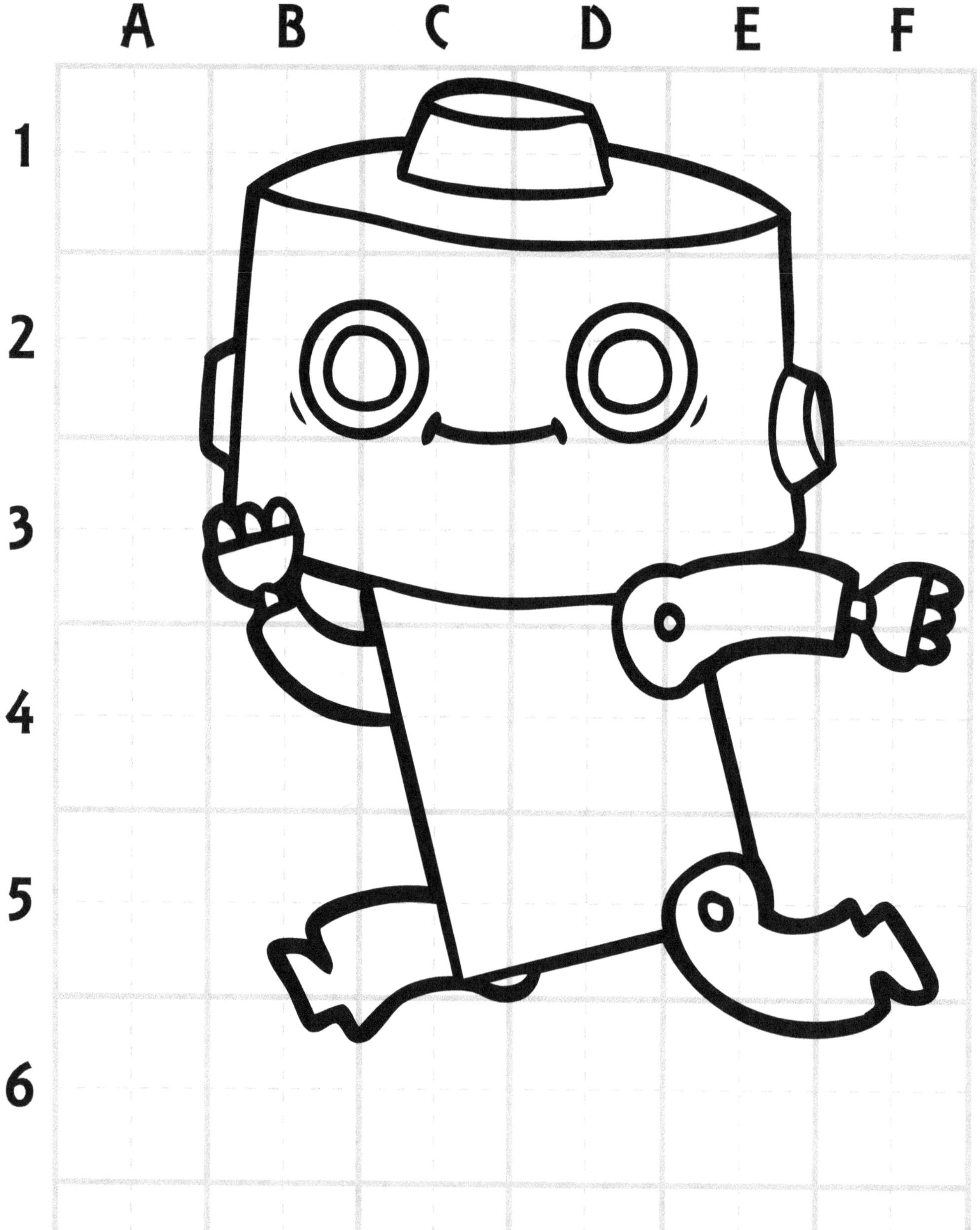
A B C D E F
1
2
3
4
5
6
7

	A	B	C	D	E	F
1						
2						
3						
4						
5						
6						
7						

A B C D E F
1
2
3
4
5
6
7

	A	B	C	D	E	F
1						
2						
3						
4						
5						
6						
7						

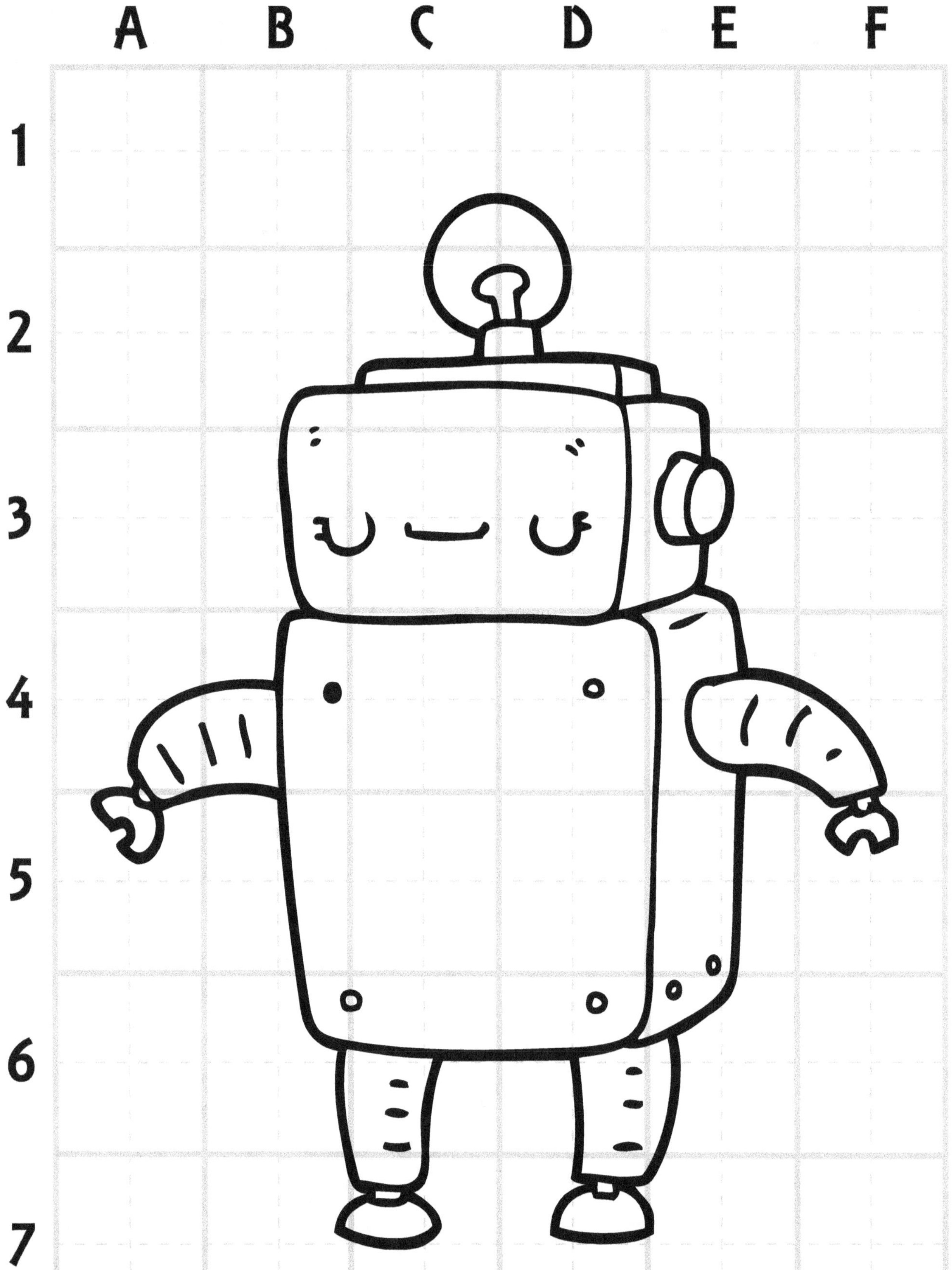
A B C D E F
1
2
3
4
5
6
7

	A	B	C	D	E	F
1						
2						
3						
4						
5						
6						
7						

A
B
C
D
E
F
1
2
3
4
5
6
7

	A	B	C	D	E	F
1						
2						
3						
4						
5						
6						
7						

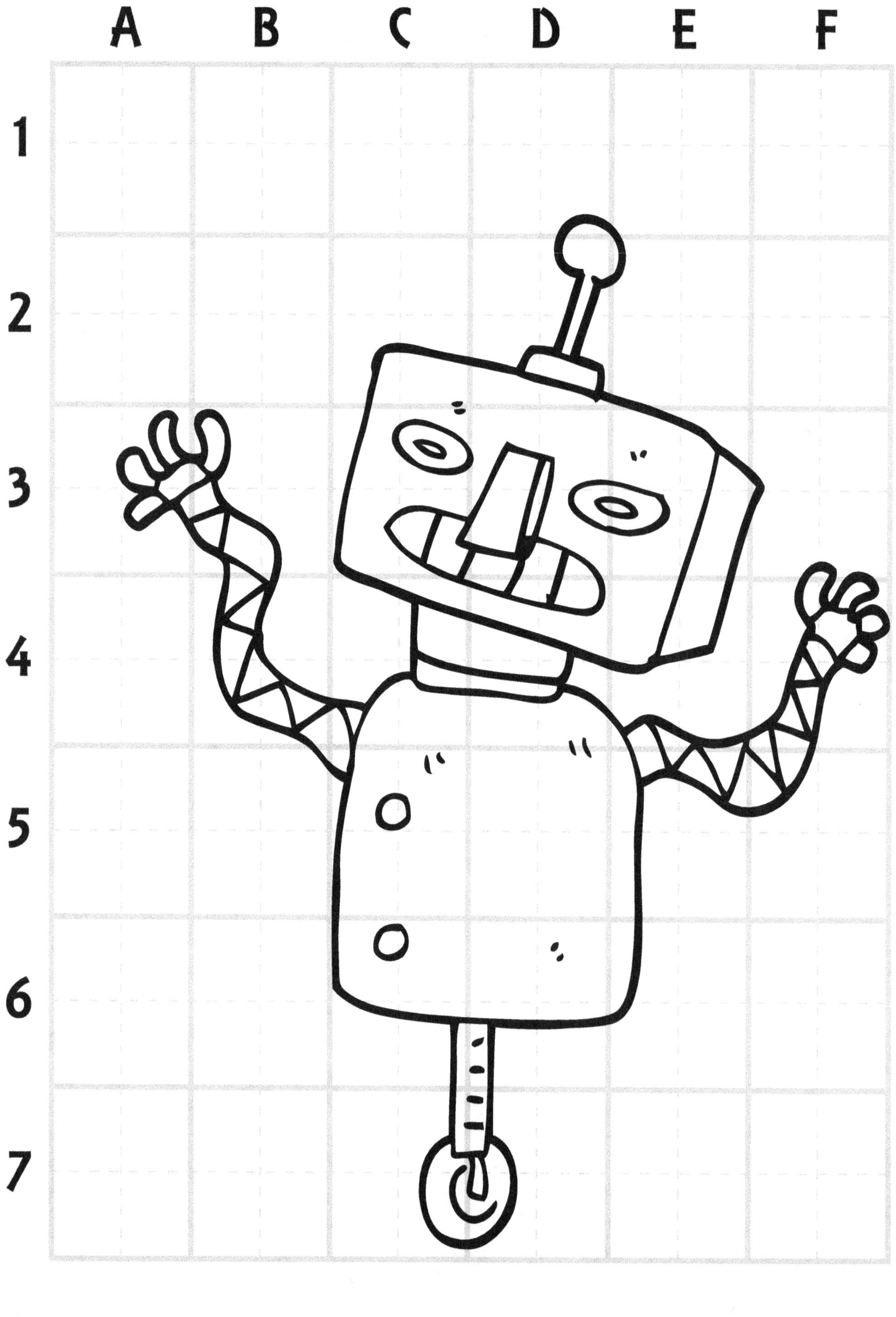
A
B
C
D
E
F
1
2
3
4
5
6
7

	A	B	C	D	E	F
1						
2						
3						
4						
5						
6						
7						

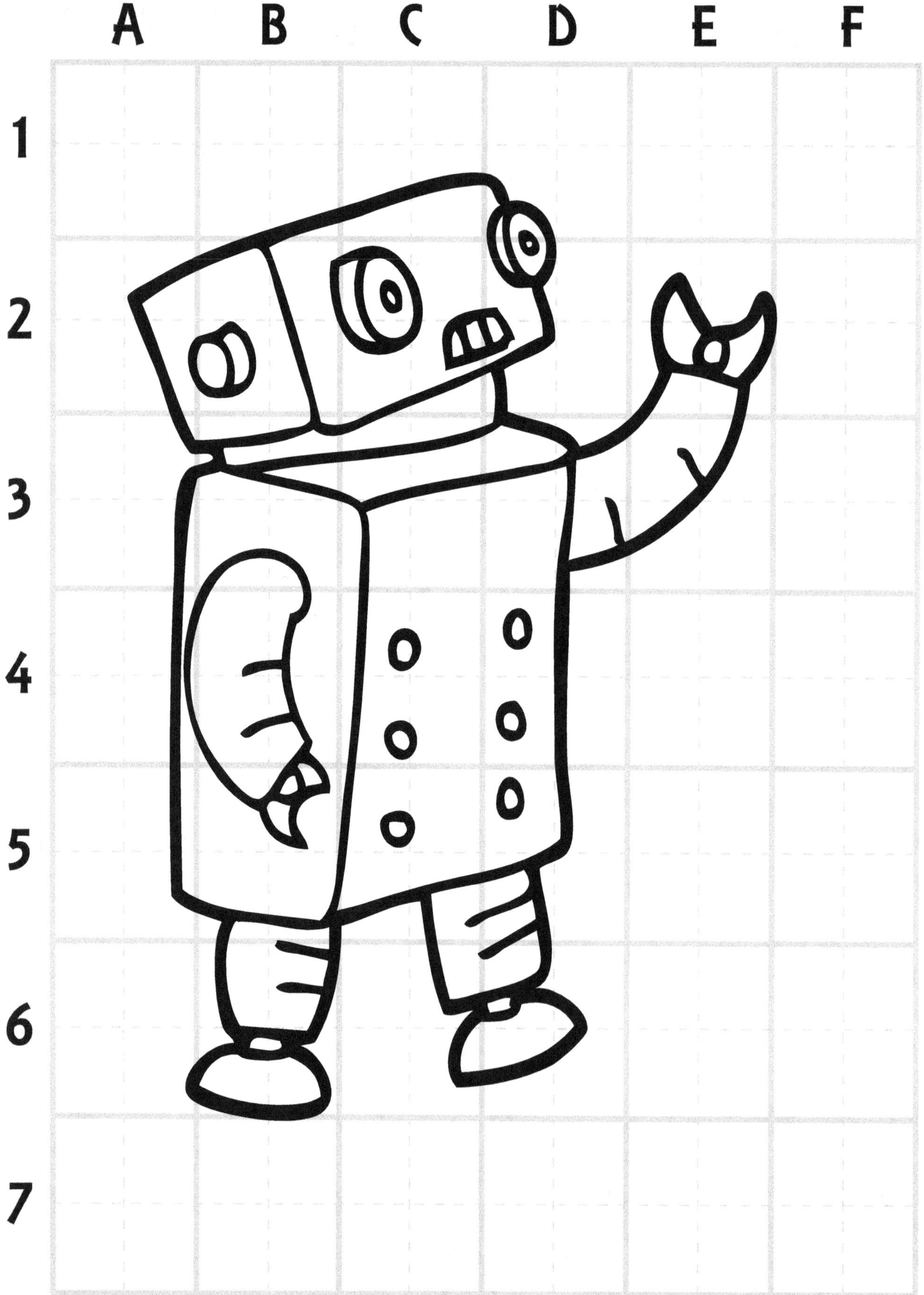
A B C D E F
1 2 3 4 5 6 7

	A	B	C	D	E	F
1						
2						
3						
4						
5						
6						
7						

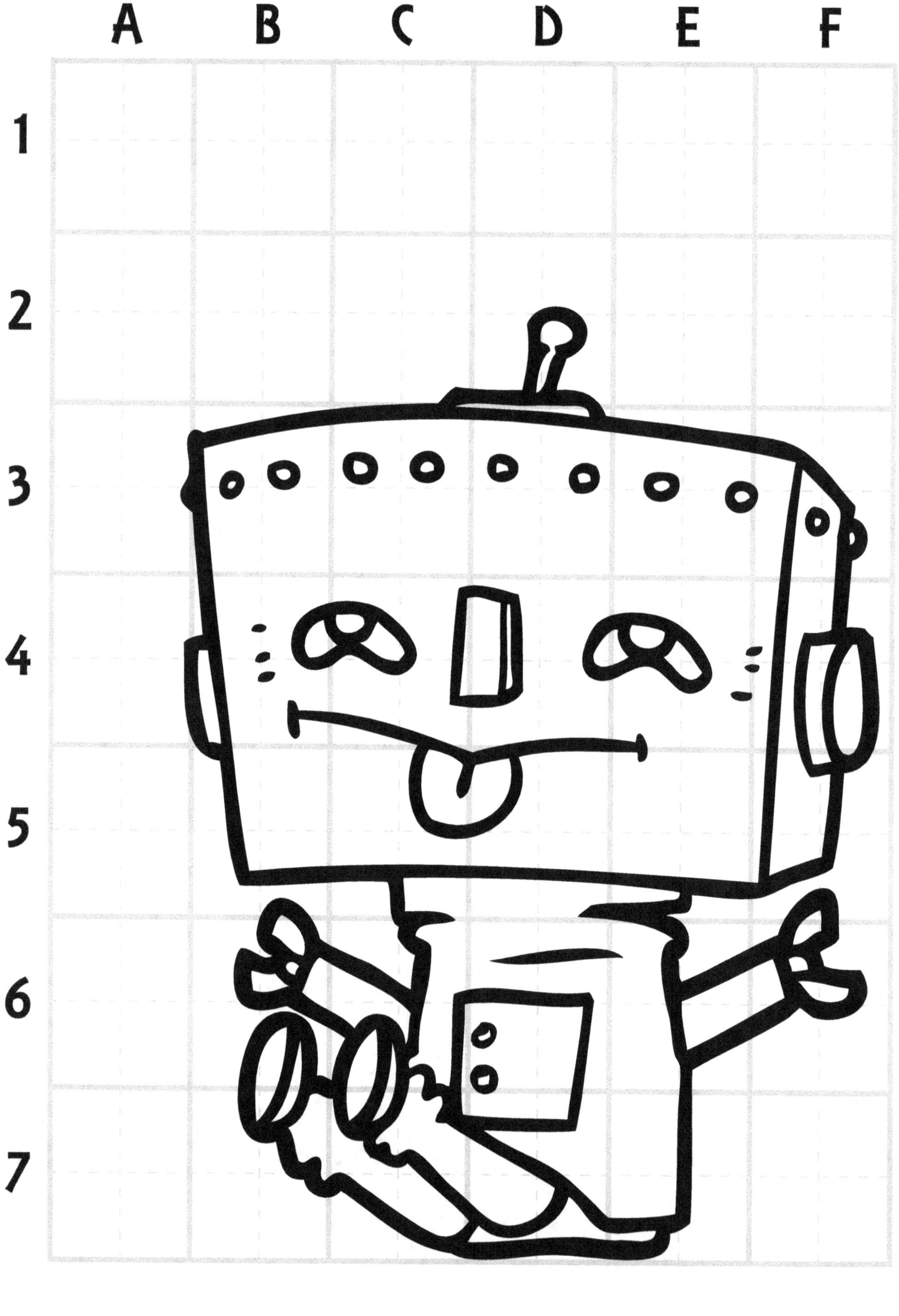
A B C D E F
1
2
3
4
5
6
7

	A	B	C	D	E	F
1						
2						
3						
4						
5						
6						
7						

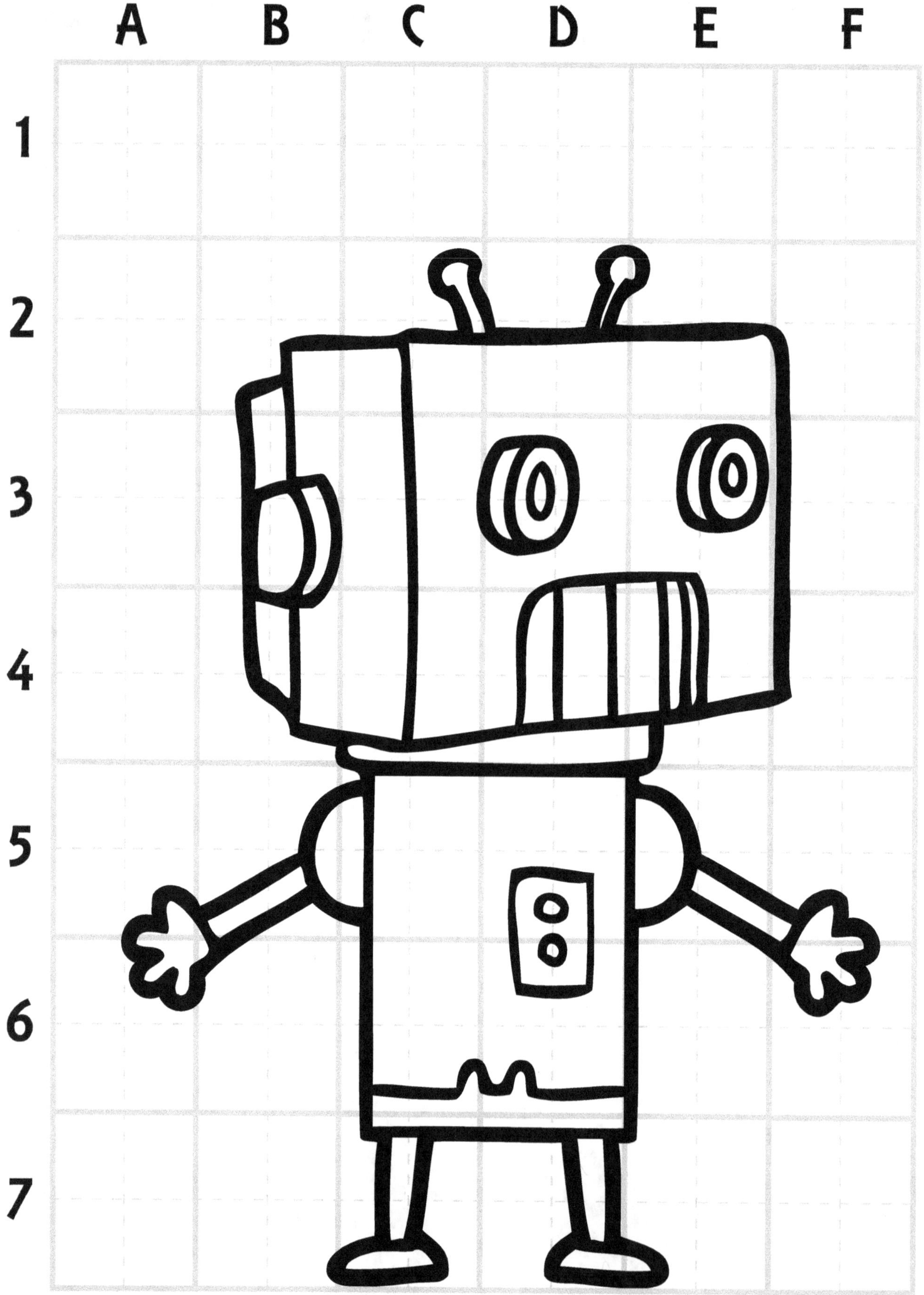
A B C D E F
1
2
3
4
5
6
7

	A	B	C	D	E	F
1						
2						
3						
4						
5						
6						
7						

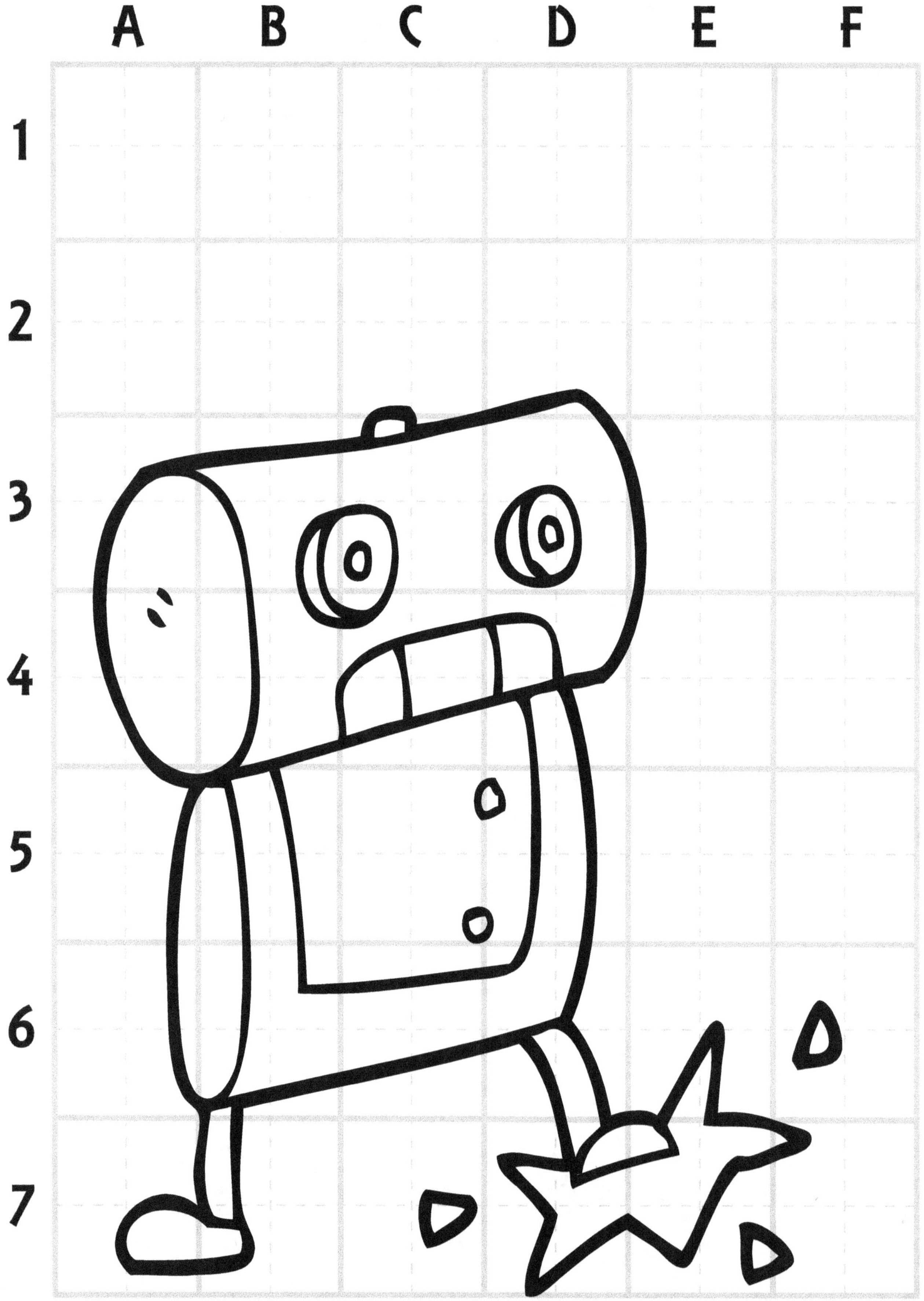
A B C D E F
1
2
3
4
5
6
7

	A	B	C	D	E	F
1						
2						
3						
4						
5						
6						
7						

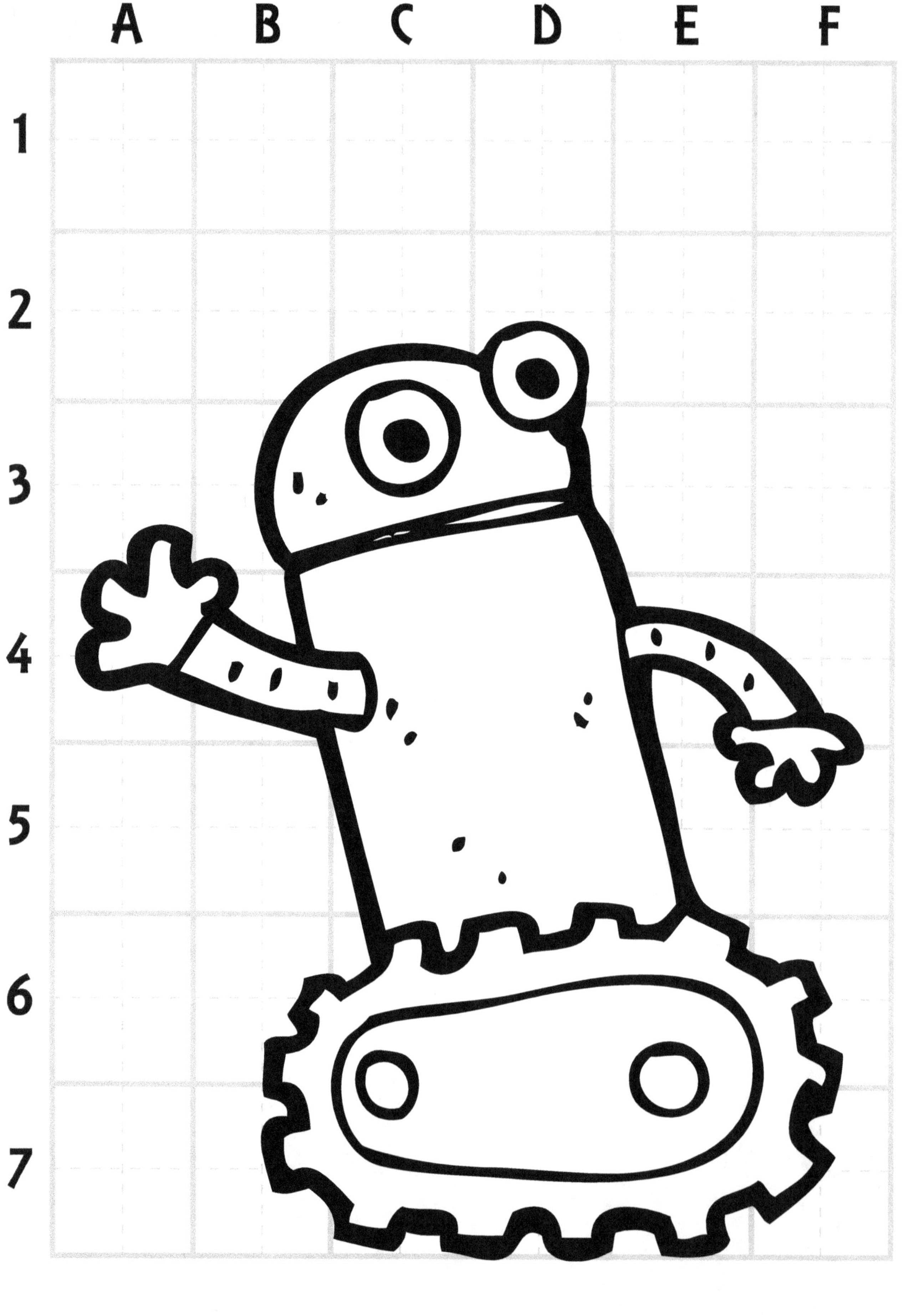
A B C D E F
1
2
3
4
5
6
7

	A	B	C	D	E	F
1						
2						
3						
4						
5						
6						
7						

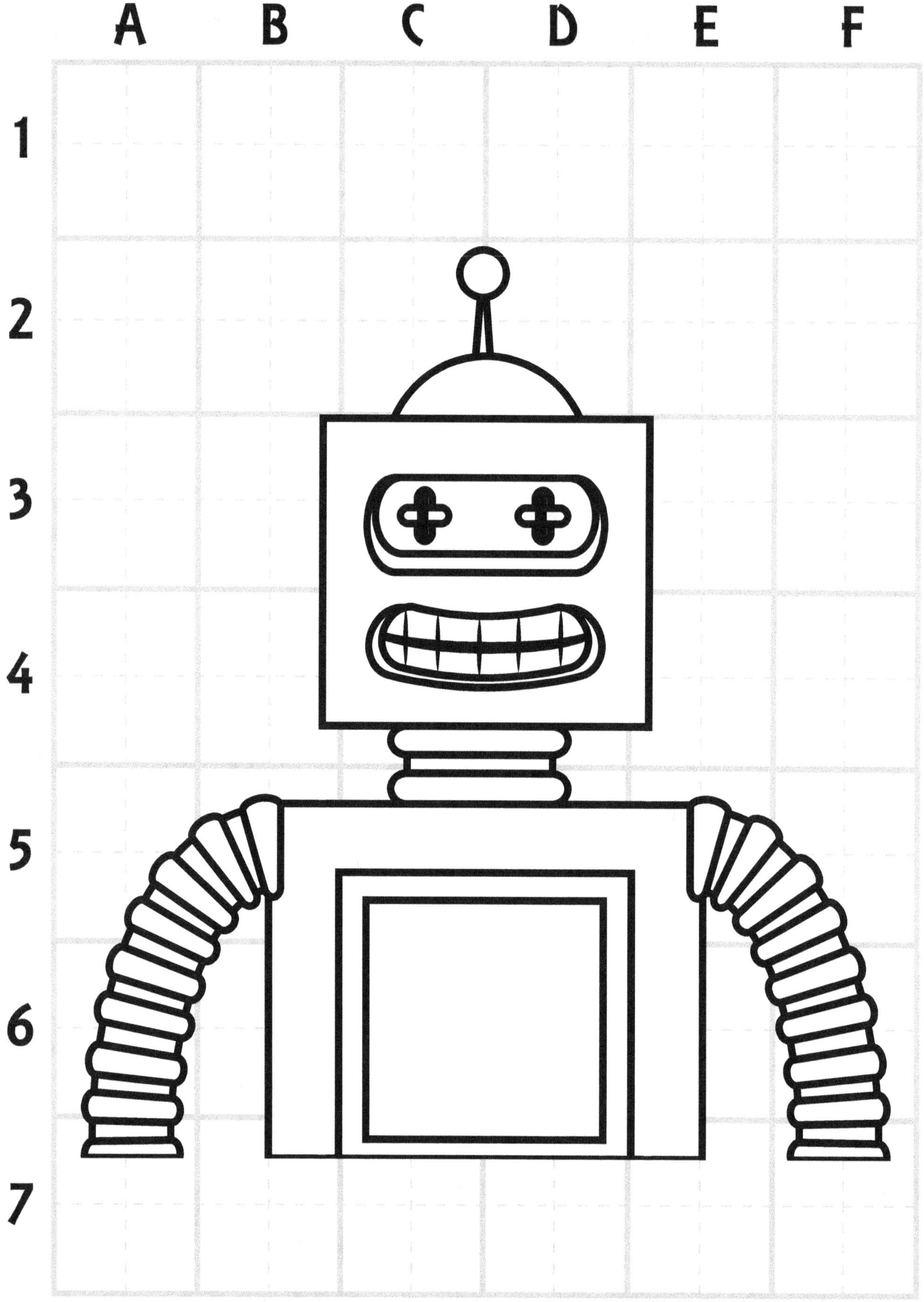
A
B
C
D
E
F
1
2
3
4
5
6
7

	A	B	C	D	E	F
1						
2						
3						
4						
5						
6						
7						

A
B
C
D
E
F
1
2
3
4
5
6
7

	A	B	C	D	E	F
1						
2						
3						
4						
5						
6						
7						

A
B
C
D
E
F
1
2
3
4
5
6
7

	A	B	C	D	E	F
1						
2						
3						
4						
5						
6						
7						

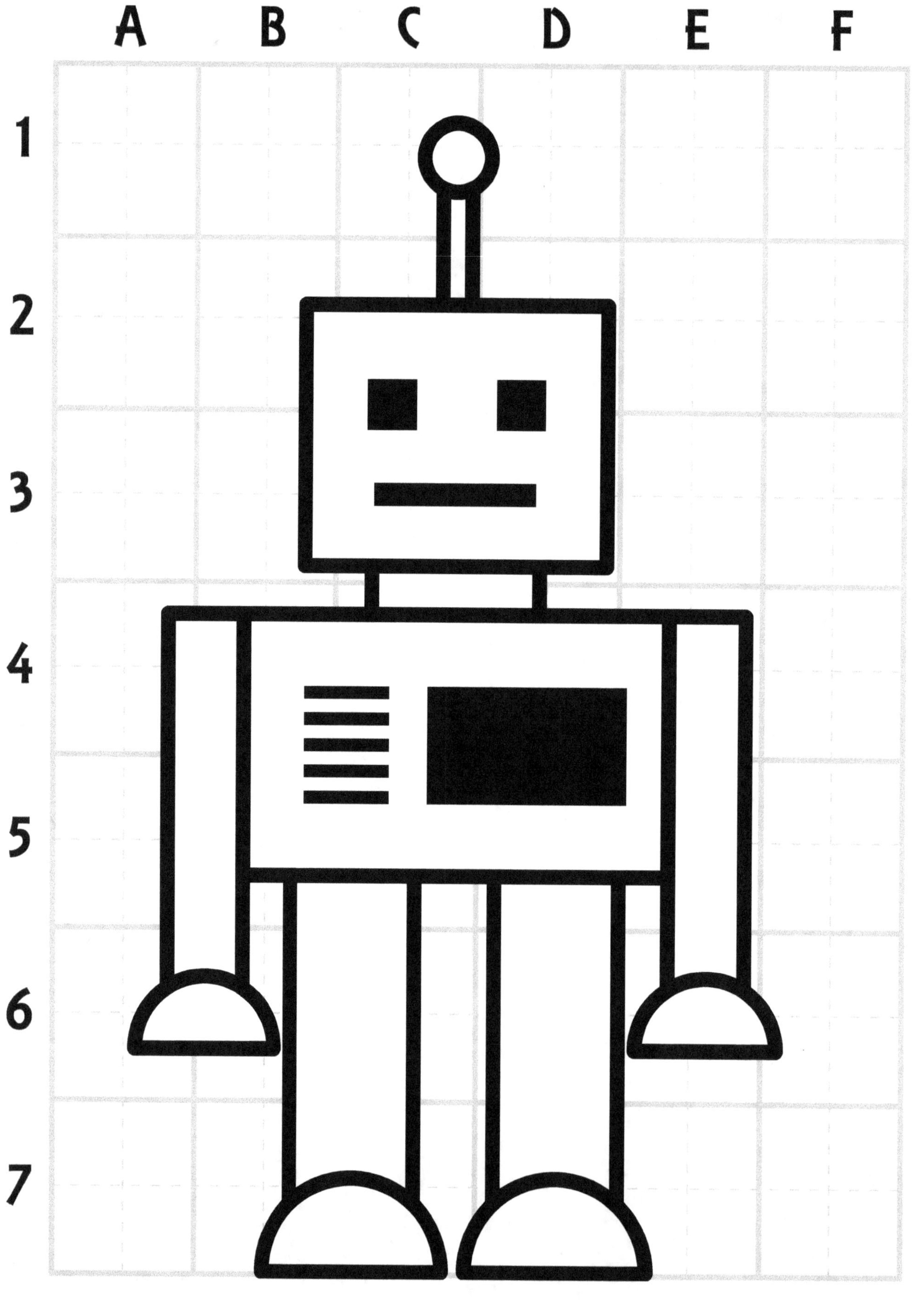
A
B
C
D
E
F
1
2
3
4
5
6
7

	A	B	C	D	E	F
1						
2						
3						
4						
5						
6						
7						

A B C D E F
1
2
3
4
5
6
7

	A	B	C	D	E	F
1						
2						
3						
4						
5						
6						
7						

A
B
C
D
E
F
1
2
3
4
5
6
7

	A	B	C	D	E	F
1						
2						
3						
4						
5						
6						
7						

A B C D E F
1
2
3
4
5
6
7

	A	B	C	D	E	F
1						
2						
3						
4						
5						
6						
7						

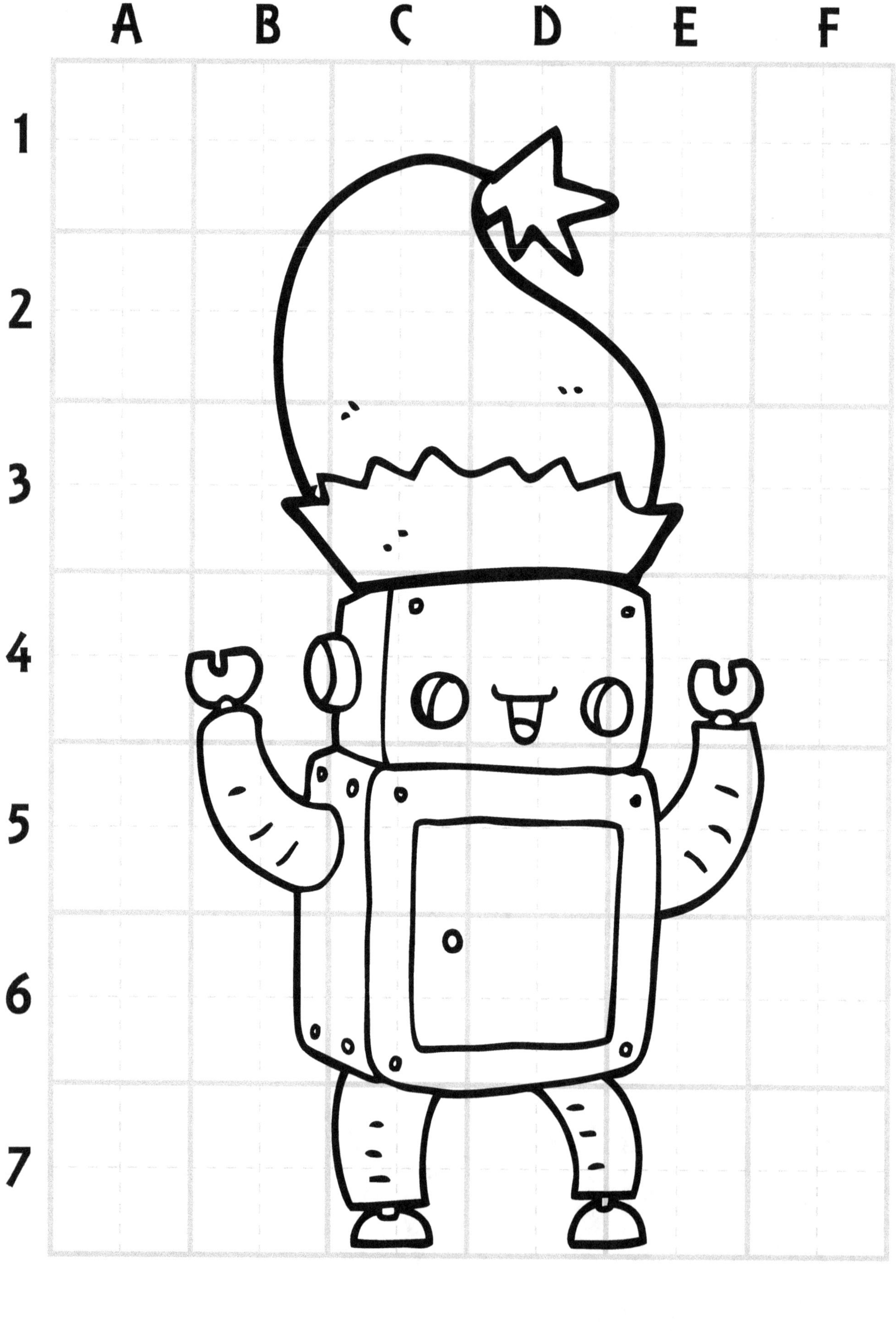
A B C D E F
1
2
3
4
5
6
7

	A	B	C	D	E	F
1						
2						
3						
4						
5						
6						
7						

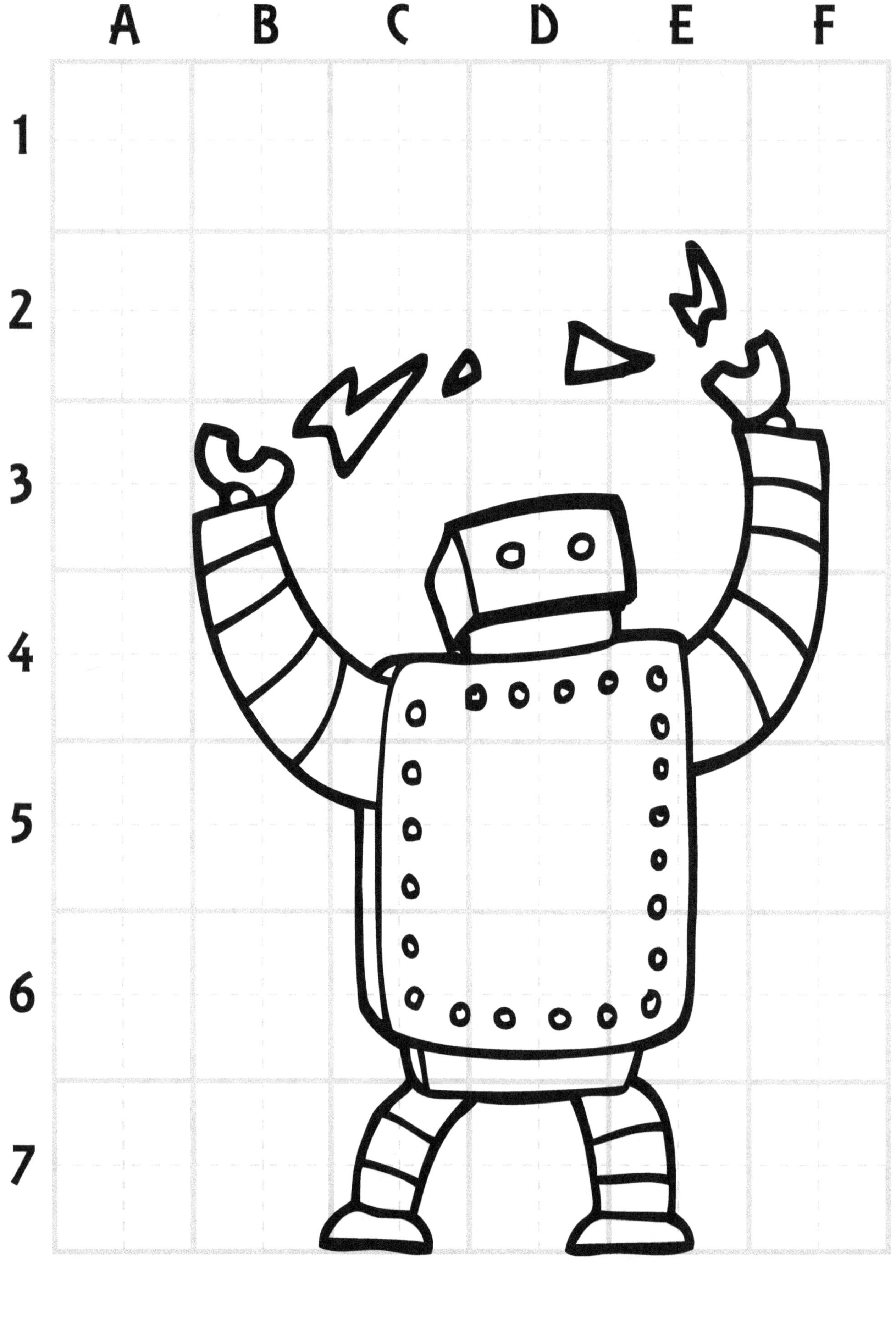
A B C D E F
1
2
3
4
5
6
7

	A	B	C	D	E	F
1						
2						
3						
4						
5						
6						
7						

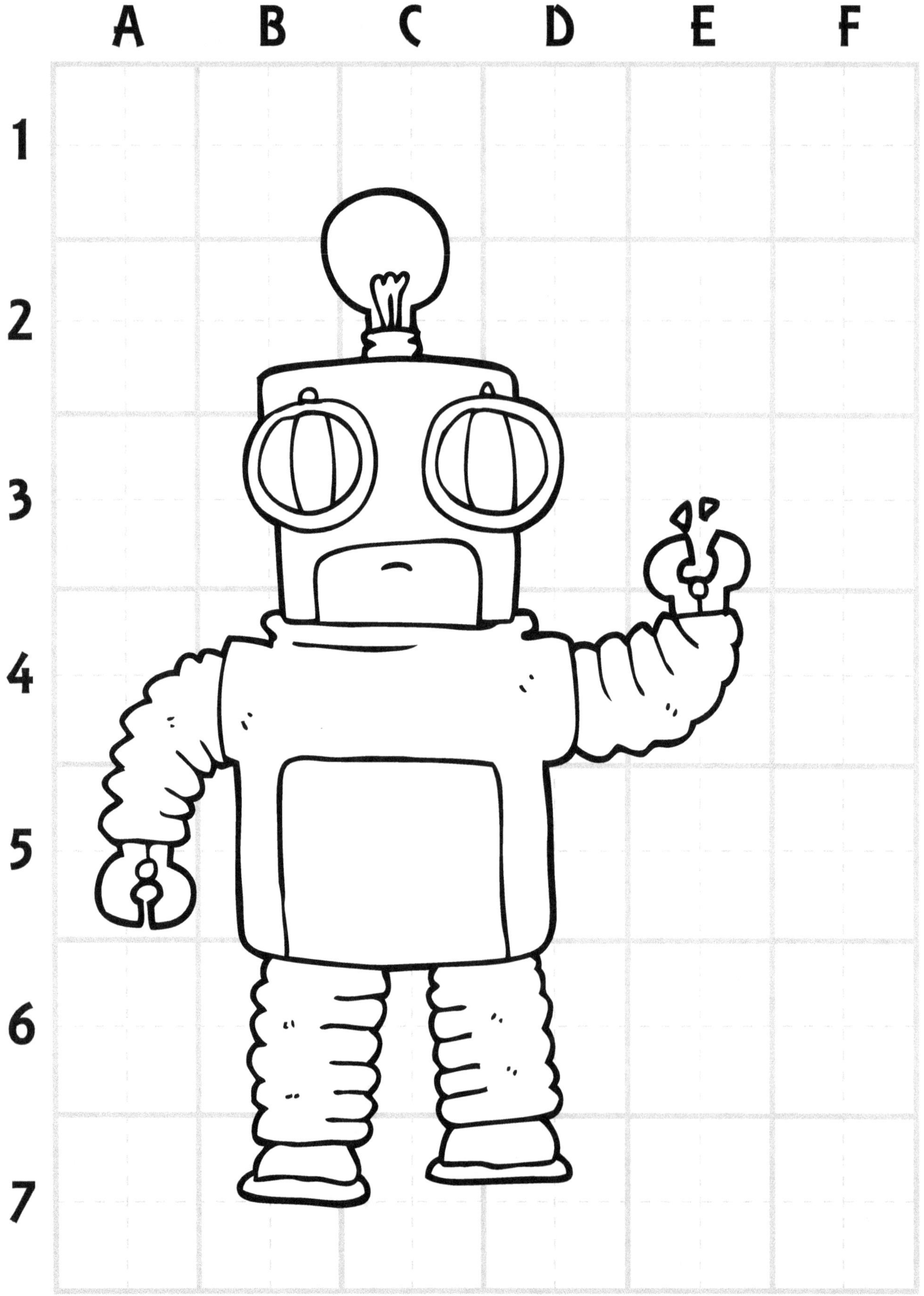
A
B
C
D
E
F
1
2
3
4
5
6
7

	A	B	C	D	E	F
1						
2						
3						
4						
5						
6						
7						

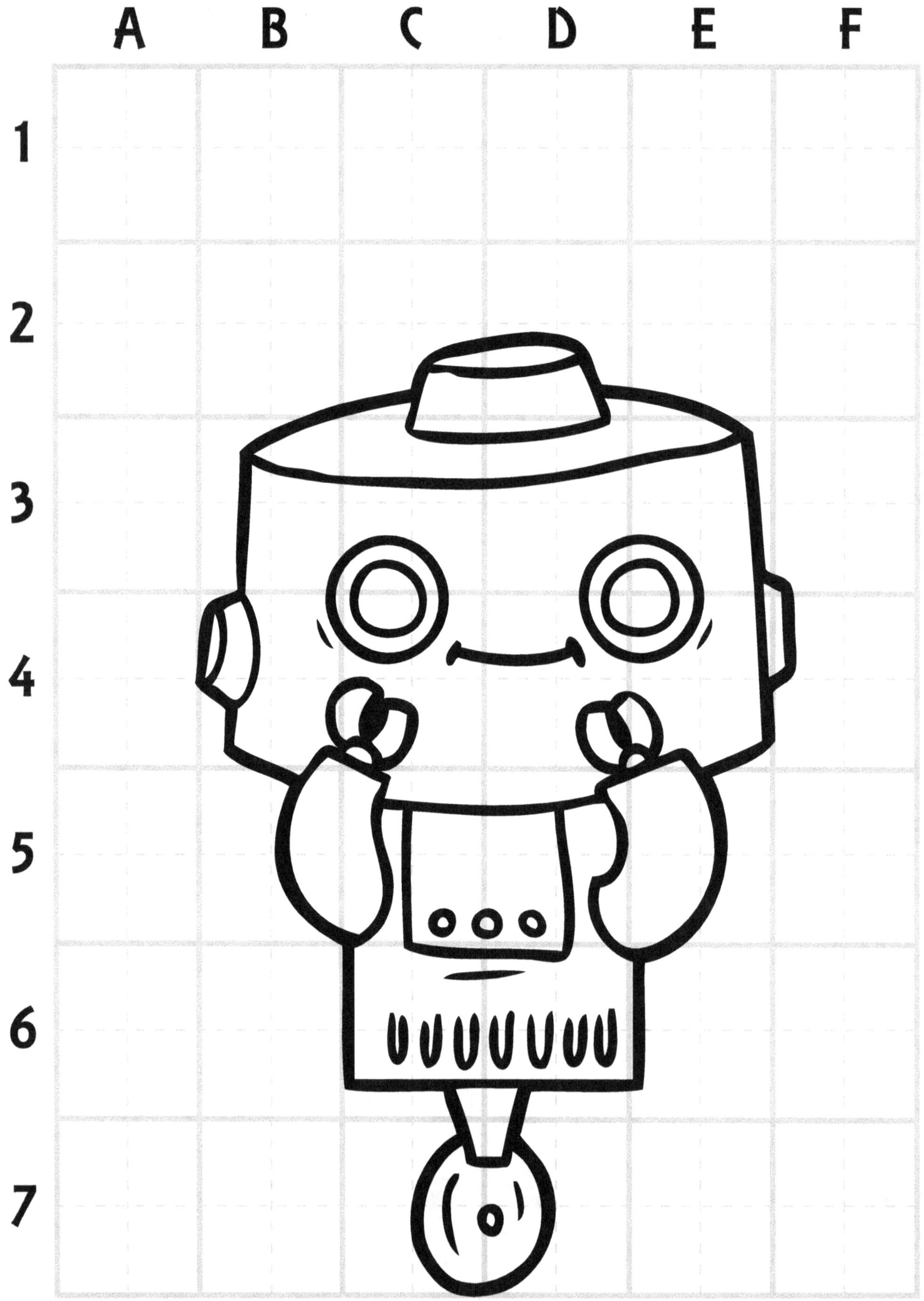
A B C D E F
1 2 3 4 5 6 7

	A	B	C	D	E	F
1						
2						
3						
4						
5						
6						
7						

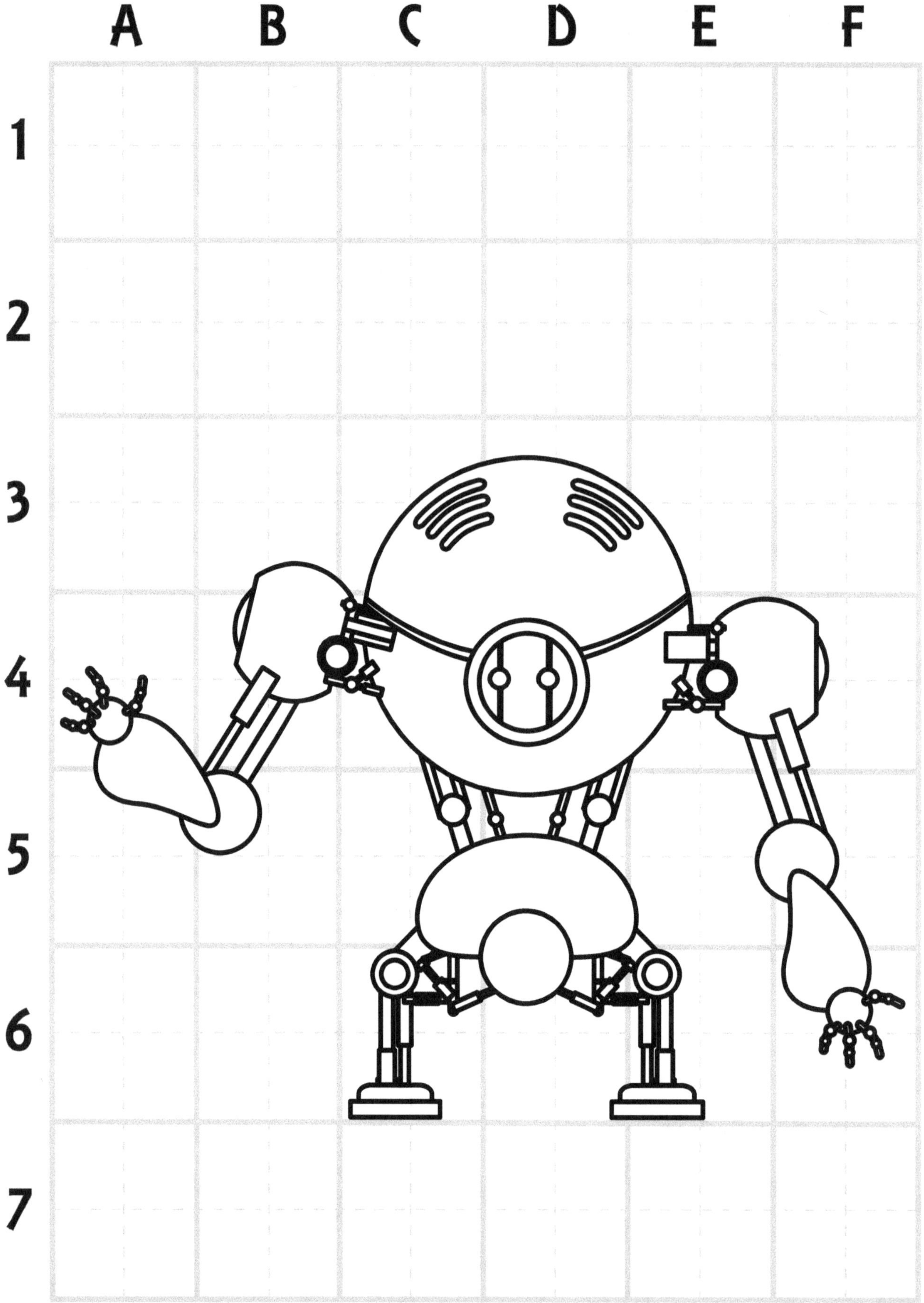
A B C D E F
1
2
3
4
5
6
7

	A	B	C	D	E	F
1						
2						
3						
4						
5						
6						
7						

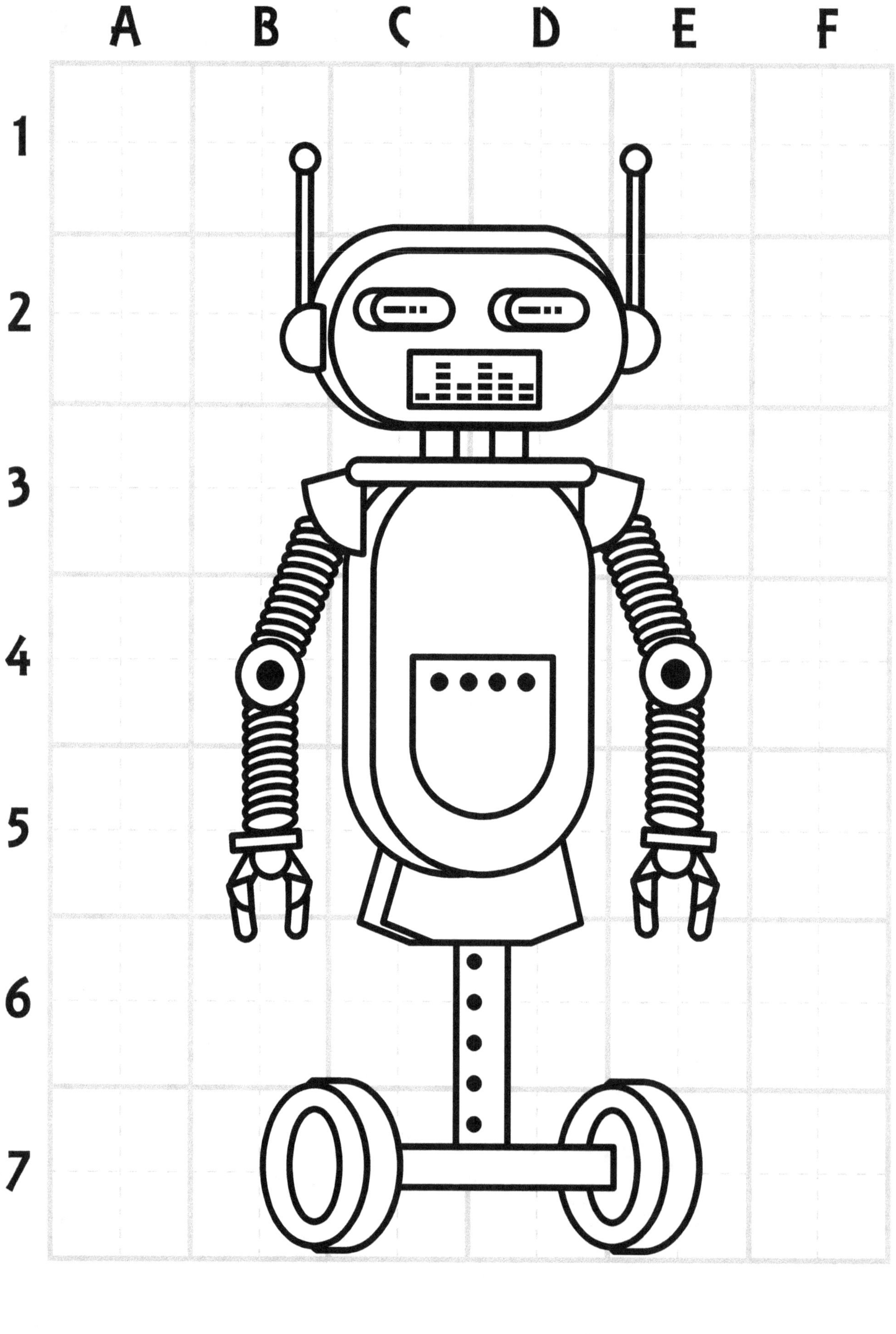
A B C D E F
1
2
3
4
5
6
7

	A	B	C	D	E	F
1						
2						
3						
4						
5						
6						
7						

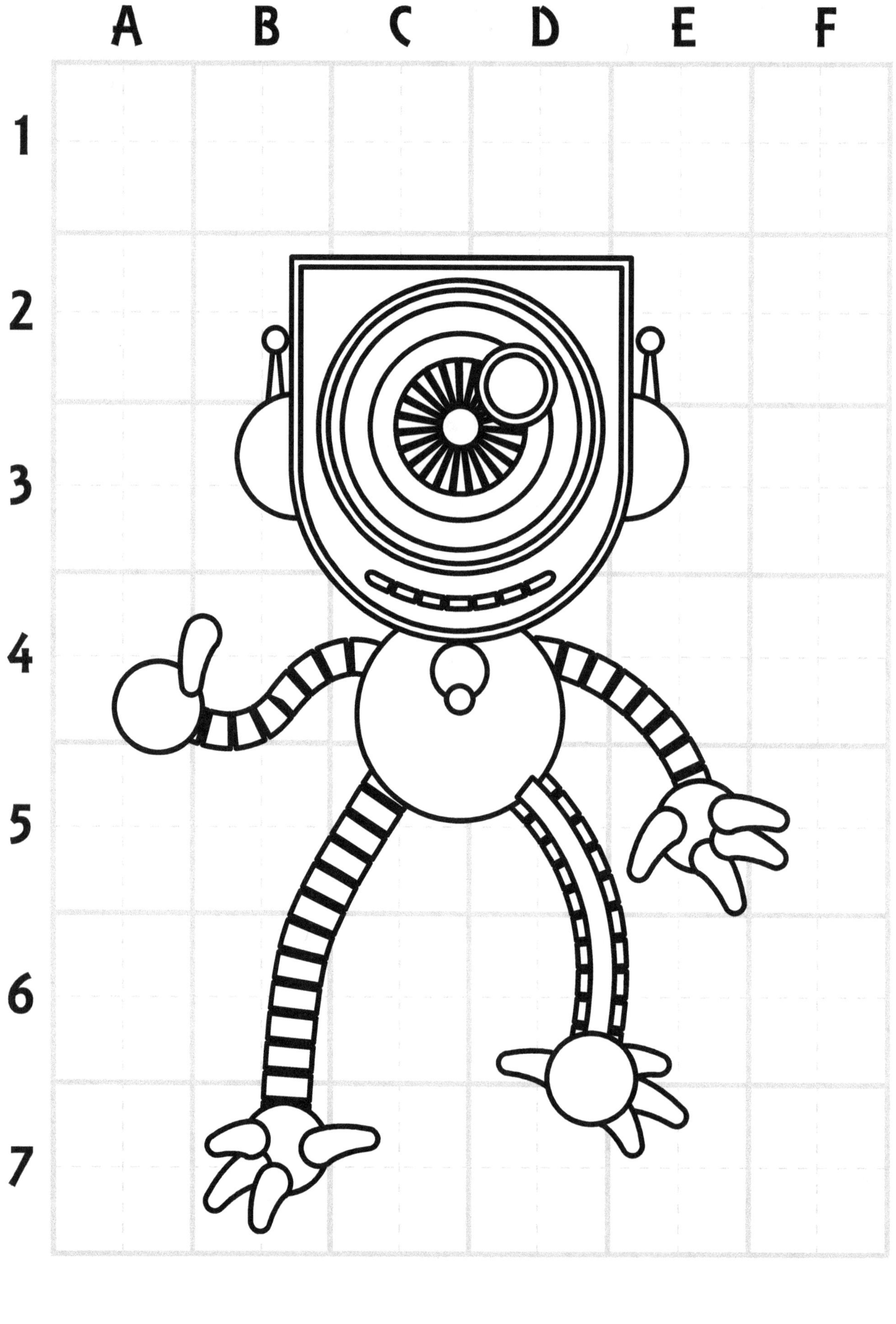
A B C D E F
1
2
3
4
5
6
7

	A	B	C	D	E	F
1						
2						
3						
4						
5						
6						
7						

Dans la même collection!

www.ingramcontent.com/pod-product-compliance
Lightning Source LLC
Chambersburg PA
CBHW082149230526
45467CB00043B/2612
* 9 7 9 8 6 9 9 8 5 0 9 6 9 *